超级简单

蛋奶素食

[法]安娜·埃尔姆·巴克斯特 著 [法]艾丽莎·沃森 摄影
郑建欣 译

北京出版集团公司
北京美术摄影出版社

目 录

蛋挞和比萨

焗烤美食

烤蔬菜

煮蔬菜

注：本书食材图片仅为展示，不与实际所用食材及数量相对应

成为素食主义者

保持健康体魄的捷径

坚持素食饮食方式是降低冠心病、肥胖症、高血压和一些癌症风险的方式。以植物为基础的饮食结构能够抑制脂肪的生成，保证营养成分、抗氧化成分以及维生素的摄入。坚持素食饮食方式同样有益于环境保护，且经济实惠。

秘诀：食物多样化

素食主义者主要关注的重点是如何摄入足够的蛋白质。蛋白质由氨基酸组成，而氨基酸在我们的身体中扮演着极为特殊的角色，从人体代谢到肌肉的发展都会受其影响。在 20 种氨基酸当中，有 9 种氨基酸的摄入是必不可少的，因为人体自身无法自动合成这些氨基酸，只能靠食用富含蛋白质的食物来摄取。学习从何处摄取这些氨基酸，以及找到肉类合适的替代者才是问题的关键。

您每日需要摄入多少蛋白质

建议每日每千克体重的蛋白质摄入量为 0.8 克，即男士每日的平均摄入量为 56~91 克，女士每日的平均摄入量为 46~75 克。

哪些食物是蛋白质的最好来源

有很多食物对于素食主义者来说都是既优质，又富含蛋白质的。

食物	蛋白质含量
乳制品	
3 个鸡蛋	12 克
100 毫升半脱脂牛奶	3.4 克
28 克山羊奶酪	8.5 克
200 克希腊牛奶	20 克
谷物及豆类	
100 克熟藜麦	4.4 克
100 克熟意大利面	5.3 克
100 克熟大豆	17 克
100 克熟白豆	9.7 克
100 克熟鹰嘴豆	8.9 克
100 克熟豌豆	5.4 克
蔬菜	
150 克熟西蓝花	3.6 克
100 克蘑菇	3.1 克
100 克豆角	3.5 克
100 克羽衣甘蓝	4.3 克
种子及干果	
23 颗杏仁	6 克
20 克南瓜子	6.6 克
20 克葵花子	3.9 克

蛋白质含量对照表

动物蛋白		蔬菜蛋白		素食食谱		蛋白质含量
100 克熟三文鱼	=	250 克 北豆腐	或	100 克豆腐 +175 克熟藜麦 +100 克西蓝花 +50 克鹰嘴豆	=	25 克
100 克烤鸡	=	120 克 扁豆	或	30 克扁豆 +100 克白豆 +28 克山羊奶酪 +150 克荷兰豆 +100 克蘑菇	=	31 克
100 克牛排	=	300 克 希腊酸奶	或	150 克希腊酸奶 +100 克燕麦片 +100 毫升半脱脂牛奶 +23 颗杏仁	=	30 克
2 根猪肉香肠	=	5 个蛋清	或	3 个鸡蛋 + 28 克切达奶酪 +30 克菠菜苗	=	20 克

素食杂货店

乳制品和新鲜食物

- □ 牛奶
- □ 鲜奶油
- □ 费塔奶酪
- □ 山羊奶酪
- □ 蓝纹干酪
- □ 意大利乳清干酪
- □ 印度奶酪
- □ 希腊酸奶
- □ 切达奶酪
- □ 帕尔马干酪
- □ 鸡蛋
- □ 豆腐

淀粉类食物

- □ 各种意大利面
- □ 大麦
- □ 粗麦粉
- □ 藜麦
- □ 稻米：大米、艾保利奥米、糙米
- □ 燕麦片
- □ 法老小麦

罐装食品

- □ 各种豆类
- □ 纯番茄酱
- □ 番茄罐头
- □ 椰奶
- □ 橄榄
- □ 刺山柑

食用油和调味料

- □ 芝麻酱
- □ 低钠酱油
- □ 红酒醋
- □ 橄榄油
- □ 蒜蓉辣椒酱
- □ 黄柠檬
- □ 青柠檬
- □ 枫糖浆
- □ 蔬菜汤调味料或汤块
- □ 各种香料
- □ 果仁奶油

干果和种子

- □ 开心果
- □ 榛子
- □ 核桃
- □ 杏仁
- □ 松子
- □ 南瓜子
- □ 葡萄干
- □ 杏干

速冻、冷冻食品

- □ 速冻毛豆
- □ 速冻豌豆
- □ 冷冻酥皮

茄子芝麻酱塔帕斯

5 分钟

20 分钟

4 人份

茄子 2 个

芝麻酱 50 克

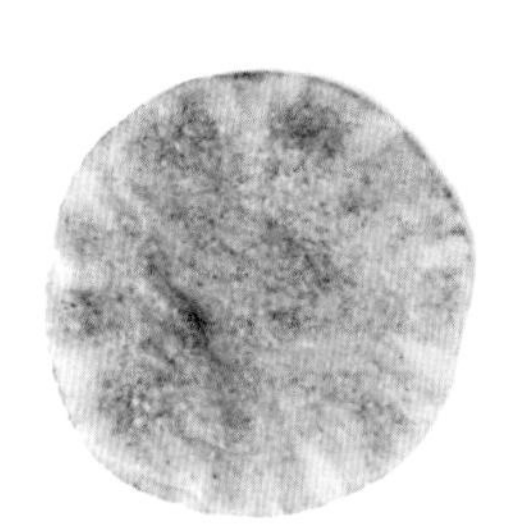
大蒜 1 瓣

皮塔饼 2 张

柠檬 1 个

橄榄油 1 汤匙

○ 将大蒜去皮、切碎，将皮塔饼对半切开后，再切成三角形。将烤箱预热至 230℃，然后将茄子洗净并摆放在烤盘中，放入烤箱烤 10 分钟，直至茄子表皮变干、茄瓤变软。

○ 在皮塔饼表面刷一层橄榄油，然后将其放入预热至 220℃的烤箱中，烤 8~10 分钟。再将柠檬汁挤好备用。

○ 待茄子冷却后将皮剥下，然后将茄瓤、芝麻酱、大蒜末以及 50 毫升的柠檬汁混合在一起，搅拌直至呈糊状，且表面质地光滑，将其与皮塔饼一起食用即可。

烤卡门贝尔奶酪塔帕斯

5 分钟

23 分钟

2 人份

卡门贝尔奶酪 1 块

蔓越莓酱 85 克

法棍面包半根

烤榛子仁 20 克

○ 将烤榛子仁切碎，再将半根法棍面包切成条状，放在烤箱中稍微烘烤一下。

○ 将烤箱预热至 190℃，然后将卡门贝尔奶酪放在烤盘上，用铝箔覆盖并烤 20 分钟。

○ 将卡门贝尔奶酪烤好后盛入盘中，倒入蔓越莓酱并撒上烤榛子仁碎，与烤好的法棍面包条一起食用即可。

面包片鹰嘴豆泥红萝卜塔帕斯

 5 分钟

 2 分钟

 4 人份

法棍面包 1 根

鹰嘴豆泥 400 克

香葱 5 根

橄榄油适量

红萝卜 5 个

- 将法棍面包纵向切成 4 段，再将每段分成 2 片。将红萝卜洗净、切片，将香葱洗净、切碎备用。
- 将烤箱预热，在法棍面包片上淋上少许橄榄油，然后放入烤箱中稍微烘烤一下。
- 在烤好的法棍面包片上涂抹鹰嘴豆泥，再放上几片红萝卜片，撒上香葱碎。
- 最后淋上少许橄榄油，即可享用。

番茄塔帕斯

 5 分钟

 5 分钟

 4 人份

番茄泥 450 克

大蒜 2 瓣

橄榄油适量

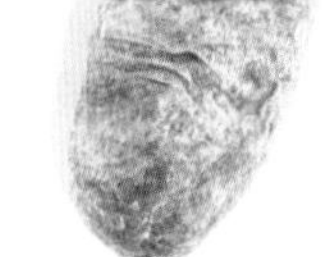

夏巴塔面包 1 个

○ 将夏巴塔面包切成 4 段，再将每段分成 2 小段，然后将大蒜去皮并切成碎末。将烤箱预热，接着在夏巴塔面包上淋上适量橄榄油，并将其放入烤箱两面烤制，之后将大蒜碎末撒在面包上。

○ 最后将番茄泥涂抹在烤好的面包上，加入盐、胡椒粉，再次淋上少量橄榄油，便可享用了。

菠菜费塔奶酪印度咖喱角

5 分钟

63 分钟

4 人份

速冻菠菜 280 克

费塔奶酪 125 克

松子仁 15 克

橄榄油 3 汤匙

费罗糕点皮 6 张
（43 厘米 x 30 厘米）

肉豆蔻粉 1 撮

○ 将速冻菠菜洗净、切碎并沥干水分，将费塔奶酪切成块状，然后烤一下松子仁。将烤箱预热至 190℃，在切好的速冻菠菜中加入松子仁、费塔奶酪块、肉豆蔻粉、胡椒粉及 1 汤匙橄榄油，将其搅拌均匀。

○ 将 3 张费罗糕点皮叠放在一起，刷上一层橄榄油，再将糕点皮切成 2 份。将搅拌好的少许馅料放在糕点皮的一边，将带馅料的一角向上折成三角形，接着将三角形沿着边缘翻转，折出 1 个大三角形，将馅料包裹其中，分别做出 2 个咖喱角。将制作好的咖喱角放在铺好油纸的烤盘中，刷上一层橄榄油，烤 30 分钟。在等待的时间里可以制作剩下的 2 个咖喱角。

塔帕斯

玉米贝涅饼

15 分钟准备，10 分钟静置

10 分钟

8 个贝涅饼

速冻玉米粒 200 克

波伦塔 55 克

鸡蛋 1 个 + 蛋清 1 份

鸡腿葱 3 棵

酸奶油 150 克

香菜 2 根

○ 将速冻玉米粒解冻、洗净备用，将鸡腿葱洗净、切碎，然后将香菜洗净，择出部分香菜叶留用，将剩余香菜切碎。在波伦塔中加入鸡蛋液（包括 1 份蛋清），并撒入适量盐和胡椒粉，再加入玉米粒混合搅拌，随后静置 10 分钟。接着撒入香菜碎和一半的鸡腿葱碎，将其擀成几个圆饼。

○ 在不粘锅内加入 2 汤匙油并加热，然后放入小饼煎 2~3 分钟，直至其表面呈金黄色后翻面，继续煎 10 秒钟，做成贝涅饼。

○ 在做好的贝涅饼上淋上酸奶油，并撒上剩余的鸡腿葱碎和香菜叶即可。

意大利乳清干酪塔帕斯

20 分钟

10 分钟

4 人份

意大利乳清干酪 450 克

帕尔马干酪 50 克

香蒜酱 8 汤匙

鸡蛋 1 个

面粉 140 克

- 将帕尔马干酪擦成碎末，然后将意大利乳清干酪、大部分帕尔马干酪碎末和鸡蛋液混合在一起，再加入调味料，并加入筛好的 60 克面粉，将其揉成面团。将面团置于面板上，过筛 65 克面粉，并将面团揉至光滑。接着烧一些水。
- 取榛子大小的面团，用沾满面粉的双手揉捏，并将其放入加了食盐的沸水中。
- 待面团煮好浮上水面后装盘，再在上面抹上香蒜酱，并撒上剩余的帕尔马干酪碎末即可。

白豆吐司塔帕斯

 3 分钟

 20 分钟

 5 人份

罐装白豆 400 克

干白 125 毫升

大蒜 1 瓣

浓缩番茄酱 100 克

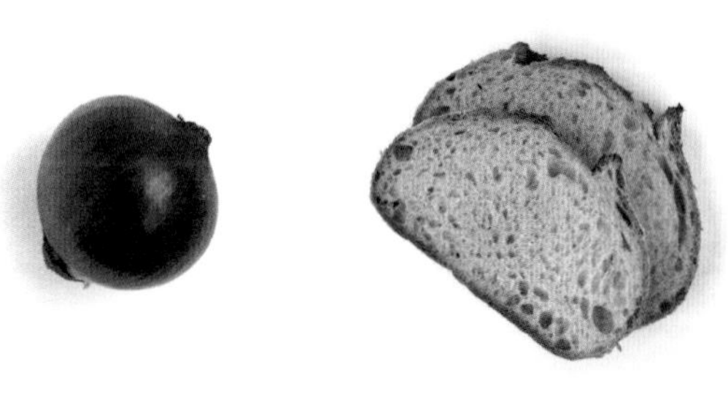

红洋葱 1 头

面包 4 厚片

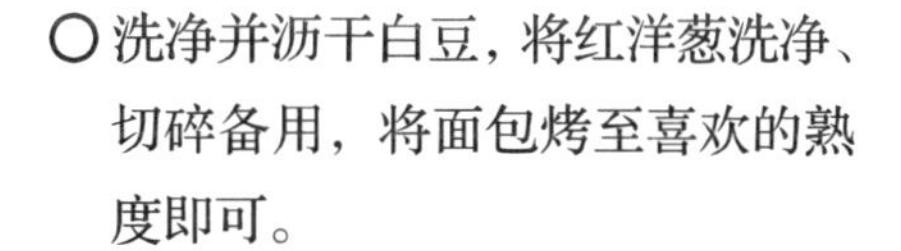

○ 洗净并沥干白豆，将红洋葱洗净、切碎备用，将面包烤至喜欢的熟度即可。

○ 在平底锅中加入 2 汤匙橄榄油并加热，然后加入红洋葱碎、调味料并翻炒 8~10 分钟。加入去皮的大蒜后再加热 1 分钟。将火调至中火后倒入浓缩番茄酱，翻炒 2 分钟。接着倒入干白，2 分钟后再加入白豆以及 50 毫升清水，继续加热一会儿。

○ 将制作好的馅料放置在烤好的面包片上，再淋上适量橄榄油即可享用。

法式蘑菇三明治

 5 分钟

 15 分钟

 1 人份

蘑菇 75 克

布莉欧面包 2 厚片

鲜奶油 1 汤匙

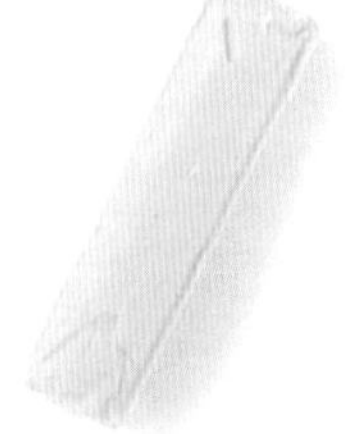

黄油 30 克

格鲁耶尔奶酪 50 克

○ 将蘑菇洗净后切片，将格鲁耶尔奶酪擦成碎末，并将烤箱预热。将 15 克黄油放入锅中加热，使其熔化，再加入蘑菇片翻炒，并加入调味料。将 25 克格鲁耶尔奶酪碎和鲜奶油放入微波炉加热 1 分钟，待其熔化后取出。

○ 将剩余的黄油放入锅中加热使其熔化，然后将布莉欧面包的一面放入黄油中，煎好取出。将布莉欧面包没有煎过的那一面朝上，放上剩下的格鲁耶尔奶酪碎和蘑菇片，将另外 1 片面包盖上，并使煎好的一面朝上。将做好的三明治放入烤箱烘烤 1 分钟，而后翻转，并将混合好的格鲁耶尔奶酪碎和鲜奶油倒在上面。继续烘烤面包至其呈金黄色。

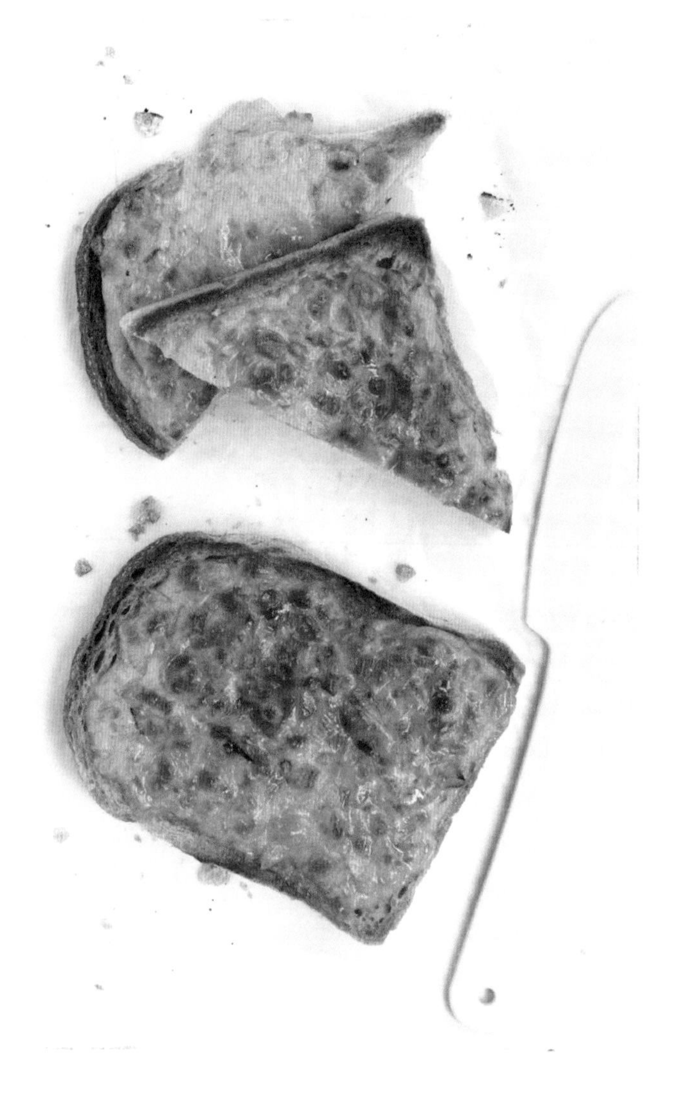

法式三明治

威尔士三明治

5 分钟

7 分钟

4 人份

面包片 4 片

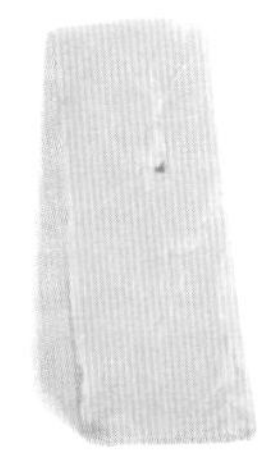

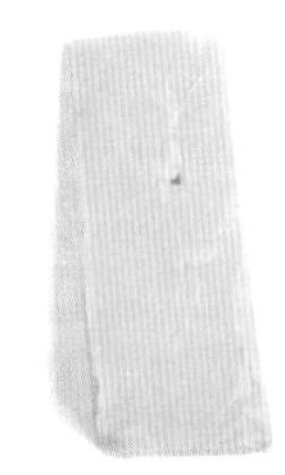

切达奶酪 175 克

红洋葱半头

第戎芥末酱 1 汤匙

鸡蛋 2 个

辣酱油少许

- 将切达奶酪擦成碎末，将红洋葱洗净后切成小丁备用。接着将烤箱高温预热，然后将面包片的一面放入烤箱稍微烤制一会儿。

- 将切达奶酪碎末、第戎芥末酱、鸡蛋液、红洋葱丁以及辣酱油混合在一起，涂抹在面包片没有被烤制的一面上。

- 再将面包片放入烤箱，烤制 3~4 分钟，直至面包片微微隆起并呈金黄色，即可取出食用。

法式三明治

牛油果番茄三明治

5 分钟

拌匀即可

4 人份

全麦面包 8 片

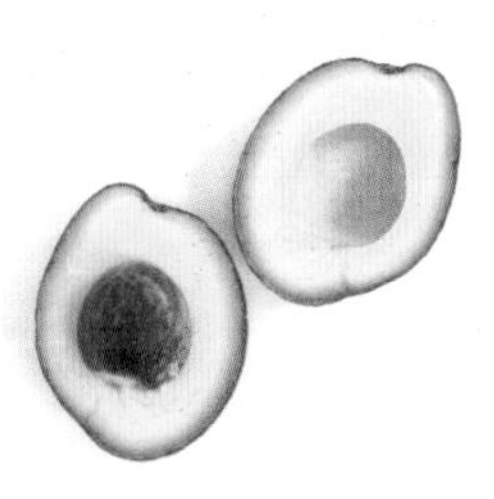
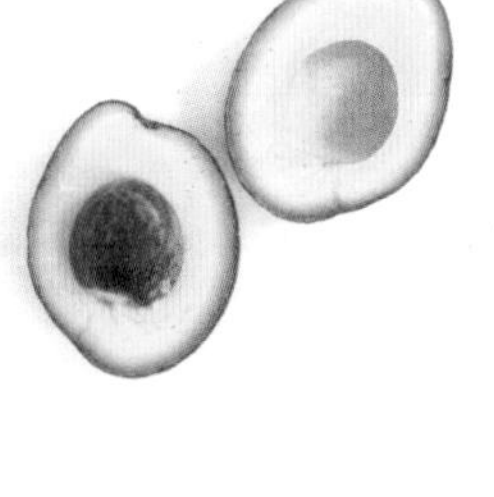
牛油果 1 个

番茄 1 个

苜蓿芽 2 大把

切达奶酪 60 克

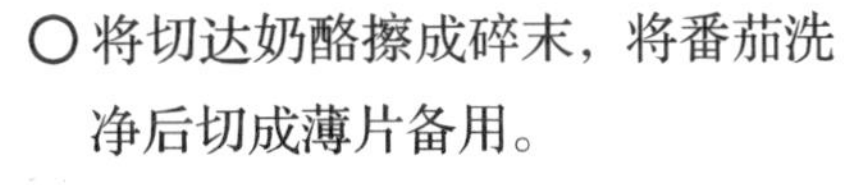
○ 将切达奶酪擦成碎末，将番茄洗净后切成薄片备用。

○ 切开牛油果，去核、去皮，将果肉涂抹在 4 片全麦面包片上，撒上盐和胡椒粉。

○ 再加入切达奶酪碎末、番茄片以及洗净的苜蓿芽，然后将另外 4 片面包分别盖在上面，三明治制作完毕。

法式三明治

墨西哥黑豆馅饼

5 分钟

10 分钟

4 人份

罐装黑豆 400 克

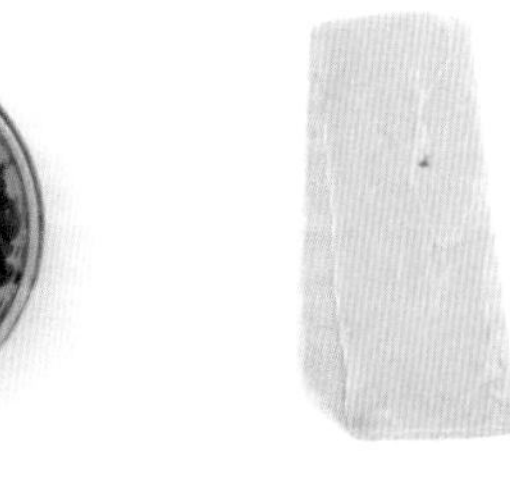

切达奶酪 100 克

番茄 2 个

香菜 10 根

墨西哥小麦薄饼 8 张
（直径 15 厘米）

橄榄油 6 茶匙

○ 洗净并沥干黑豆，接着将番茄洗净，将 1 个番茄切丁，将另 1 个番茄切块，然后将香菜洗净、切碎备用。将番茄丁、一半的香菜碎以及 2 茶匙橄榄油放入沙拉碗中，再放入盐和胡椒粉。随后放入黑豆、切达奶酪以及剩下的香菜碎，搅拌均匀，制成馅料。

○ 在平底锅中放入 1 茶匙橄榄油并加热。将 2 张墨西哥小麦薄饼平放在锅里，在饼的半边铺上搅拌好的馅料，再将没有馅料的一面向上折叠，盖住有馅料的半边。待馅饼的一面煎至金黄后，翻转馅饼，将另外一面也煎至金黄，然后盛出，与切好的番茄块一起食用即可。

法式三明治

墨西哥夹饼

5 分钟

15 分钟

4 人份

鸡蛋 8 个

切达奶酪 50 克

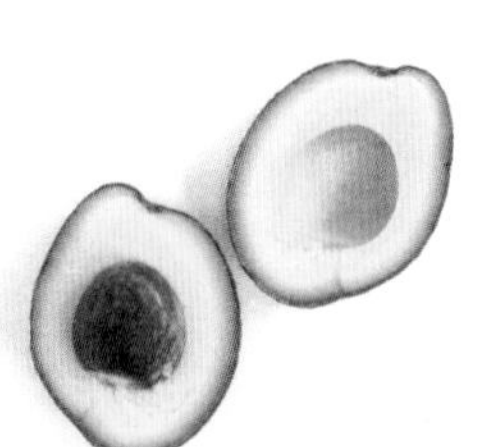

牛油果 1 个

番茄 1 个

墨西哥小麦薄饼 8 张

香菜 1 把

○ 将切达奶酪擦成碎末，切开牛油果，去皮、去核后将果肉切成薄片。将番茄洗净、切片，再将香菜洗净、切碎。接着将鸡蛋打入碗中并加入调味料。在平底锅中放入 2 汤匙橄榄油，用中火煎鸡蛋，然后加入切达奶酪碎末。

○ 在火上或烤箱中烘烤墨西哥小麦薄饼。然后将煎好的鸡蛋放在薄饼上，配上牛油果片、番茄片和香菜碎即可食用。

法式三明治

哈罗米干酪汉堡

5 分钟

15 分钟

4 人份

茄子 1 个

哈罗米干酪 250 克

芝麻菜 25 克

香蒜酱 2 汤匙

番茄 1 个

汉堡坯儿 4 个

○ 将茄子洗净后切成 8 片，将哈罗米干酪切成 4 片，再将番茄洗净、切片，将汉堡坯儿对半切开。

○ 将切好的汉堡坯儿放入烤箱中稍微烘烤一下。在茄子片上刷油，然后将其放入烤箱中两面烤制。

○ 将哈罗米干酪片用烤箱烤 1~2 分钟，直至干酪表面呈金黄色即可取出备用。

○ 最后用烤好的茄子片、哈罗米干酪片、番茄片、洗净的芝麻菜、香蒜酱以及烤好的汉堡坯儿制作汉堡即可。

西葫芦费塔奶酪沙拉

10 分钟

3 分钟烹饪，5 分钟腌制

4 人份

西葫芦 500 克

罗勒叶几片

松子仁 35 克

柠檬 1 个

费塔奶酪 50 克

橄榄油 50 毫升

- 挤压出 50 毫升左右的柠檬汁，将西葫芦洗净，然后用削皮刀将其削成薄片，再将费塔奶酪擦成碎末，并将松子仁烤好备用。
- 将柠檬汁与橄榄油混合在一起，然后加入盐和胡椒粉。接着加入西葫芦片，搅拌均匀后，腌制 5 分钟。
- 加入洗净的罗勒叶、费塔奶酪碎末以及烤好的松子仁后即可食用。

南瓜古斯米沙拉

15 分钟

35 分钟

4 人份

灰胡桃南瓜 1.5 千克

粗麦粉 100 克

费塔奶酪 30 克

鸡腿葱 2 棵

杏干 15 颗

香菜 1 把

○ 将灰胡桃南瓜洗净后对半切开，接着去皮并切成小块备用。将杏干切碎，再将鸡腿葱和香菜洗净、切碎。将烤箱预热至 200℃。在灰胡桃南瓜块上淋上 1 汤匙油，加入盐和胡椒粉，将其放入烤箱中，用中火烘烤 35 分钟，直至其变得软烂。

○ 将 175 毫升热水倒入装有粗麦粉的碗中，将碗口盖上泡 5 分钟。然后加入盐、胡椒粉、鸡腿葱碎、杏干碎、费塔奶酪、香菜碎以及灰胡桃南瓜块后即可食用。

羽衣甘蓝石榴沙拉

5 分钟

3 分钟

4 人份

羽衣甘蓝 1 棵

芝麻酱 2 汤匙

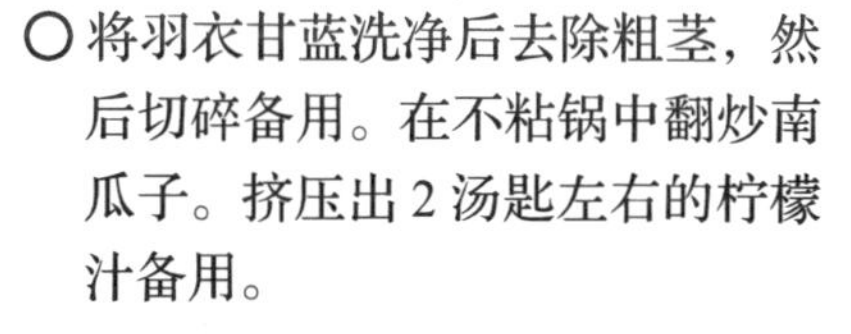
柠檬半个

南瓜子 20 克

枫糖浆 1 茶匙

石榴子 100 克

- 将羽衣甘蓝洗净后去除粗茎，然后切碎备用。在不粘锅中翻炒南瓜子。挤压出 2 汤匙左右的柠檬汁备用。
- 将芝麻酱、枫糖浆和柠檬汁放入大沙拉碗中混合均匀。然后加入羽衣甘蓝碎，并搅拌均匀。
- 在食用前撒上石榴子和南瓜子即可。

沙拉

法老小麦奶酪沙拉

10 分钟

25 分钟

4 人份

法老小麦 200 克

苹果 1 个

蓝纹奶酪 100 克

柠檬半个

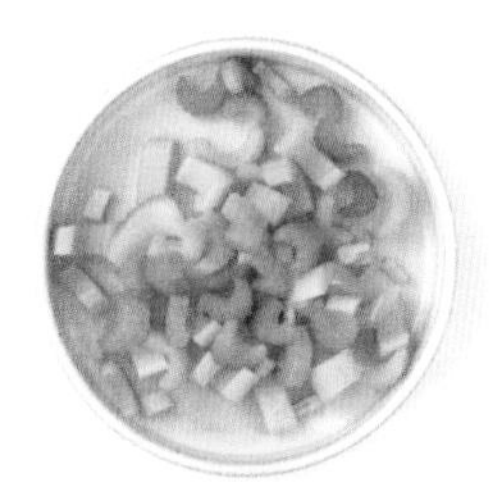
芹菜 2 棵

橄榄油 2 汤匙

- 将苹果洗净、去核后切片。将芹菜洗净，然后将芹菜茎切碎，并留下芹菜叶。接着将蓝纹奶酪切块，挤好柠檬汁备用。
- 按照包装上的说明将洗净的法老小麦煮熟。接着将其与橄榄油、2 汤匙柠檬汁混合在一起，并加入盐和胡椒粉。
- 最后加入切好的苹果片、芹菜茎碎、芹菜叶和蓝纹奶酪块即可。

开心果甜菜沙拉

甜菜（带叶）4 头

粗麦粉 175 克

20 分钟

40 分钟

4 人份

红葡萄酒醋 2 汤匙

开心果仁 25 克

费塔奶酪 100 克

橄榄油 4 汤匙

- 将甜菜洗净，然后将叶子切成 5 厘米见方的片。将费塔奶酪擦成碎末，切碎开心果仁备用。将烤箱预热至 220℃后放入淋上橄榄油的甜菜，将其烤制 40 分钟。取出后为其去皮，并切成 4 份备用。
- 将 375 毫升热水倒入装有粗麦粉的碗中，将碗口盖上泡 10 分钟，脱壳，并加入盐和胡椒粉。
- 将一半的甜菜叶子切碎，倒入蒸好的粗麦粉中，再加入橄榄油以及红葡萄酒醋，最后加入其余准备好的食材即可。

鹰嘴豆藜麦沙拉

5 分钟

20 分钟烹饪，
20～30 分钟腌制

4 人份

红藜麦和白藜麦共 200 克

罐装鹰嘴豆 200 克

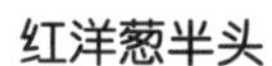

红洋葱半头

青柠檬 1 个

香菜 2 根

蜂蜜 1 茶匙

- 将红洋葱洗净、切碎，然后按照包装说明将洗净的红、白藜麦煮熟。挤出青柠檬汁备用。接着将香菜洗净备用。
- 将 4 汤匙青柠檬汁、2 汤匙橄榄油以及 1 茶匙蜂蜜混合在一起，搅拌均匀。
- 将混合好的汤汁淋在煮熟的藜麦上，倒入洗净的鹰嘴豆、红洋葱碎和香菜后搅拌均匀。腌制 20~30 分钟后，即可食用。

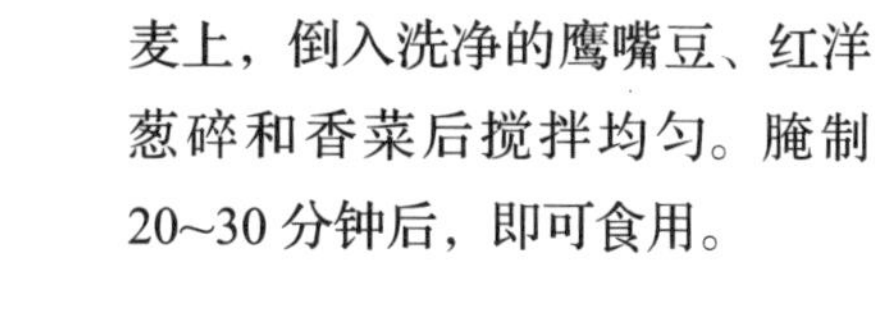

橙子扁豆沙拉

10 分钟

25~35 分钟

4 人份

灰胡桃南瓜 1 个

罐装扁豆 580 克

橙子 2 个

小茴香 1 把

抱子甘蓝 150 克

橄榄油 2 汤匙

- 将灰胡桃南瓜洗净后去皮、去子，并切成 2 厘米见方的块状。将扁豆洗净，将抱子甘蓝洗净、切片，将小茴香洗净、切碎备用。
- 将烤箱预热至 200 ℃，在灰胡桃南瓜块上淋上一层橄榄油，加入调味料，并放入烤箱烤制 25~35 分钟，直至其变软即可。
- 将扁豆与抱子甘蓝片混合在一起。
- 将一部分橙子挤出橙汁，并将其倒在扁豆和抱子甘蓝片上，然后加入剩余的橙子果肉、烤好的灰胡桃南瓜块、小茴香碎以及少许橄榄油即可。

豌豆汤

10 分钟

15 分钟

4 人份

速冻豌豆 550 克

蔬菜汤 1 升

薄荷 1 把

橄榄油 1 汤匙

鸡腿葱 1 捆

- 将鸡腿葱和薄荷洗净、切碎，保留薄荷叶。解冻豌豆并将其洗净，然后在平底锅中放入橄榄油，用中火将油加热，再将鸡腿葱碎和薄荷碎放入油中炒 5 分钟，偶尔搅拌一下。
- 接着加入豌豆和蔬菜汤，用文火煨 3 分钟。
- 持续搅拌直至汤的质地变得顺滑，最后用薄荷叶作为装饰即可。

土豆大葱汤

10 分钟

30 分钟

4 人份

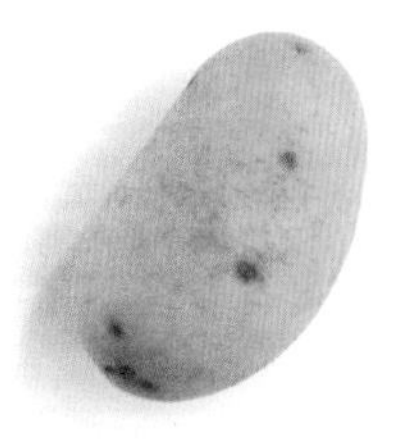
土豆 2 个

蔬菜汤 1 升

红洋葱 1 头

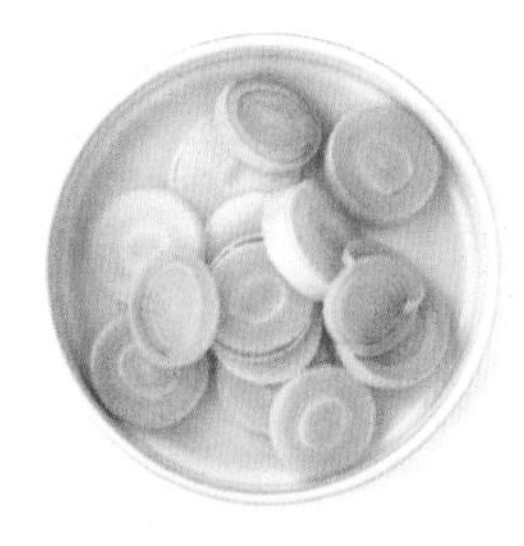
葱白 2 棵

黄油 45 克

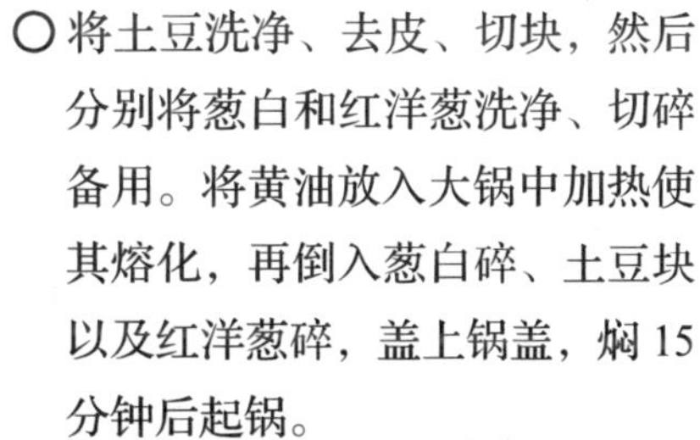

○ 将土豆洗净、去皮、切块，然后分别将葱白和红洋葱洗净、切碎备用。将黄油放入大锅中加热使其熔化，再倒入葱白碎、土豆块以及红洋葱碎，盖上锅盖，焖 15 分钟后起锅。

○ 接着倒入蔬菜汤，煮沸，然后调至文火继续煮，直至蔬菜变软。

○ 持续搅拌直至汤的质地变得顺滑，最后加入调味料调味即可。

中式汤

5 分钟

15 分钟

4 人份

蔬菜汤 1.5 升

饺子 450 克

姜 30 克

红辣椒 1 个

荷兰豆 125 克

酱油 1 汤匙

○ 将荷兰豆择好、洗净并对半切开。将姜洗净后去皮并切成薄片，再将红辣椒洗净、切碎备用。在 1 口大锅中将蔬菜汤、姜片和红辣椒碎一起煮沸，然后倒入饺子，待汤再次煮沸后，调至文火煨 3 分钟。

○ 最后加入荷兰豆，再煮 2~3 分钟，直到荷兰豆变软、饺子煮熟。食用前滴入酱油即可。

西班牙土豆洋葱蛋饼

10 分钟

45 分钟

4 人份

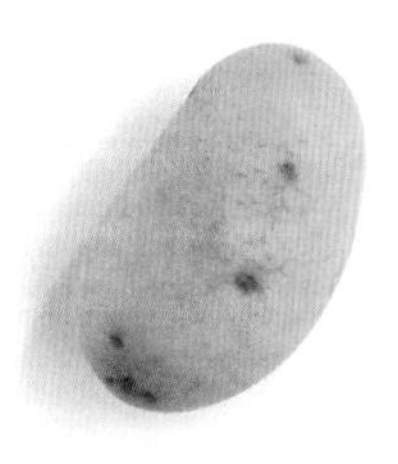
土豆 3 个

红洋葱 1 头

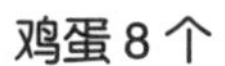
鸡蛋 8 个

橄榄油 200 毫升

香芹若干

○ 将土豆洗净、去皮并切成 5 毫米厚的薄片。将红洋葱和香芹洗净、切碎，并打好鸡蛋备用。将土豆片放入锅中，用油煎 25 分钟直至其变软，但注意，不要让土豆片变色。

○ 将煎好的土豆片放入沙拉碗中，倒入打好的鸡蛋。然后将红洋葱碎放入锅中，用 10 分钟将其煸软，再加入鸡蛋和香芹碎，倒入橄榄油。

○ 预热烤箱，将准备好的食材倒入沙拉碗中，搅拌 2 分钟，然后将其放入烤箱中烘烤即可。

舒芙蕾蛋饼

10 分钟

5 分钟

4 人份

鸡蛋 6 个

切达奶酪 100 克

橄榄油 1 汤匙

香葱 6 根

○ 将蛋清和蛋黄分离。将切达奶酪擦成碎末，将香葱洗净、切碎备用。预热烤箱，将蛋清搅拌至呈雪花状，再加入 1 小撮盐。接着搅拌蛋黄并加入盐和胡椒粉。

○ 将橄榄油倒入大平底锅中，用小火加热，然后加入调制好的蛋清和蛋黄、香葱碎以及一半的切达奶酪碎末，加热 2 分钟后起锅。再加入剩下的切达奶酪碎末，取出食材，将其放入烤箱烤制 2~3 分钟即可。

法式小盅焗蛋

5 分钟

13~16 分钟

4 人份

鸡蛋 8 个

鲜奶油 2 汤匙

黄油 15 克

小茴香半把

- 将烤箱预热至 190℃。在每个蛋糕模子中打入 2 个鸡蛋。
- 倒入鲜奶油，在每个鸡蛋上撒上 1 汤匙洗净并切好的小茴香碎，然后加入调味料。
- 在烤盘上垫上 1 块干净的布（以防滑落），将蛋糕模子放在烤盘中，将水加至模子高度的一半即可。
- 将烤盘放入烤箱中烤制 13~16 分钟，直至蛋清烤熟，即可取出脱模。

西葫芦费塔奶酪蛋饼

10 分钟

10 分钟

4 人份

西葫芦 2 根

费塔奶酪 75 克

薄荷 1 把

橄榄油 2 汤匙

鸡蛋 8 个

○ 将西葫芦洗净、切碎，将费塔奶酪擦成碎末，打好鸡蛋备用。沥干西葫芦碎的水分，将其与洗净并切好的薄荷碎混合在一起，加入盐和胡椒粉。

○ 在平底锅中加入一半的橄榄油，然后加入西葫芦碎混合物翻炒 4 分钟，之后将其倒在打好的鸡蛋中，并加入费塔奶酪碎末。

○ 将平底锅擦净后，加热剩下的橄榄油，接着倒入混合好的食材并搅拌 1 分钟，然后继续加热 2 分钟，再沿着蛋饼边缘将其取出，放入烤箱中烘烤，直至蛋饼膨胀即可取出。

法式烤布蕾

10 分钟

40 分钟

4 人份

鲜奶油 500 毫升

格鲁耶尔奶酪 100 克

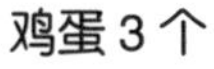
鸡蛋 3 个

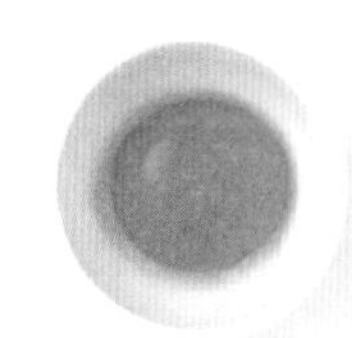
蛋黄 2 份

帕尔马干酪 60 克

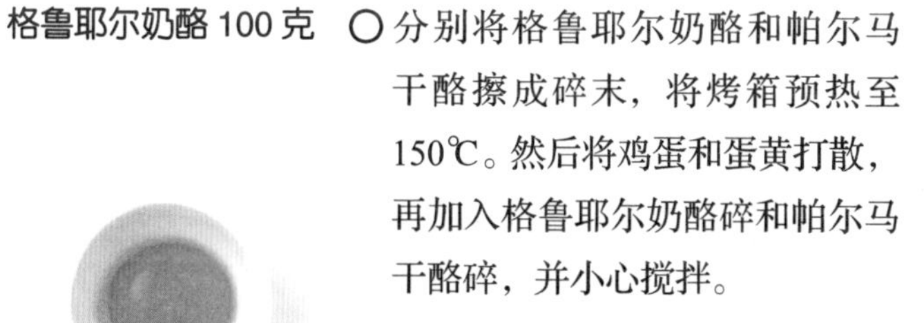
○ 分别将格鲁耶尔奶酪和帕尔马干酪擦成碎末，将烤箱预热至150℃。然后将鸡蛋和蛋黄打散，再加入格鲁耶尔奶酪碎和帕尔马干酪碎，并小心搅拌。

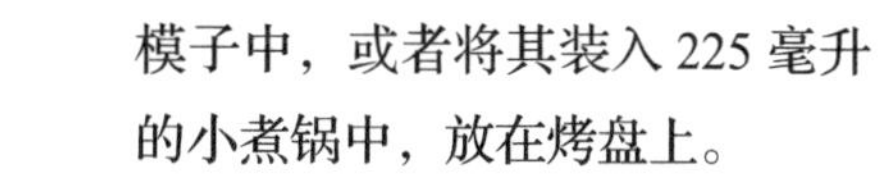
○ 将混合好的食材分装在 4 个蛋糕模子中，或者将其装入 225 毫升的小煮锅中，放在烤盘上。

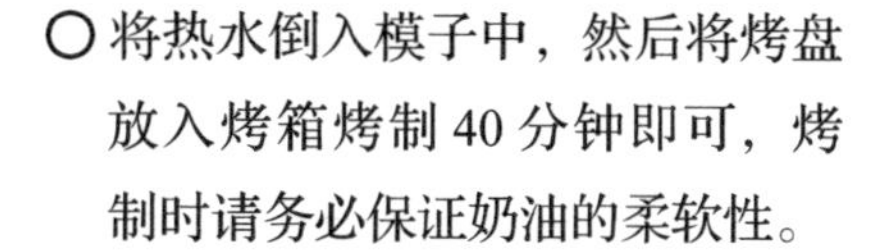
○ 将热水倒入模子中，然后将烤盘放入烤箱烤制 40 分钟即可，烤制时请务必保证奶油的柔软性。

切达奶酪通心粉

5 分钟

15 分钟

4 人份

通心粉 350 克

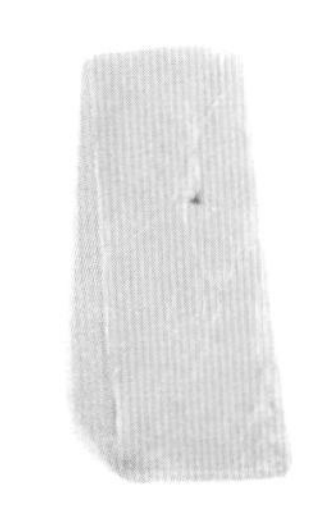
切达奶酪 175 克

鲜奶油 110 克

- 将切达奶酪擦成碎末，再将水烧开，加入盐。按照包装上的说明将通心粉煮熟，然后捞出并沥干水分备用。
- 将鲜奶油放入大锅中，用小火加热使其熔化，再加入切达奶酪碎搅拌，直至混合均匀。
- 倒入煮好的通心粉并搅拌均匀后出锅，即可食用。

意大利速食饺子

5 分钟

10 分钟

4 人份

奶酪饺子 450 克

蔬菜汤 1 升

香蒜酱 3 汤匙

帕尔马干酪 50 克

荷兰豆 175 克

- 将蔬菜汤和奶酪饺子放在 1 口大锅里煮沸。再将帕尔马干酪擦成碎末。
- 将火调小煨 5 分钟。然后加入择好并洗净的荷兰豆，再加热3分钟。
- 关火起锅，将食物分装在汤碗中，加入香蒜酱，并撒上帕尔马干酪碎末即可食用。

柠檬意式扁面条

5 分钟

15 分钟

4 人份

意式扁面条 350 克

柠檬 1 个

帕尔马干酪 75 克

橄榄油 50 毫升

○ 将柠檬洗净，取皮切碎，再挤出柠檬汁备用。接着将帕尔马干酪擦成碎末。

○ 按照包装上的说明将意式扁面条煮熟，并保留 225 毫升的面汤。

○ 将煮好的意式扁面条放入 1 口大锅内，加入橄榄油、柠檬皮碎、柠檬汁，以及帕尔马干酪碎。然后加入胡椒粉，倒入面汤，搅拌均匀，以获得奶油质地的汤汁。

鼠尾草南瓜饺子

 5 分钟

 15 分钟

 4 人份

南瓜饺子 500 克

黄油 60 克

橄榄油 1 茶匙

帕尔马干酪 50 克

鼠尾草 1 把

○ 按照包装上的说明将南瓜饺子煮熟，然后将南瓜饺子沥干水分并淋上橄榄油，再将帕尔马干酪擦成碎末备用。

○ 将黄油放入平底锅中加热，使黄油熔化，直至产生泡沫。加入洗净的鼠尾草的叶子并继续加热 2 分钟，直至鼠尾草叶子变脆，且黄油呈金黄色。

○ 将南瓜饺子放入 1 口干净的平底锅中，小心地将黄油和鼠尾草叶子浇在饺子上，再撒上帕尔马干酪碎末即可。

豌豆通心粉

5 分钟

15 分钟

4 人份

通心粉 350 克

速冻豌豆 250 克

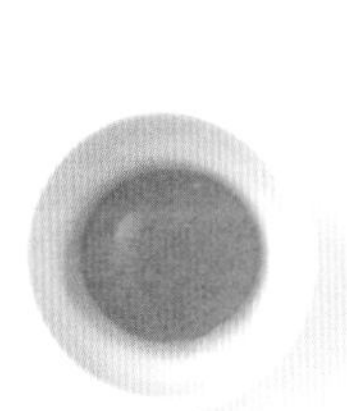
蛋黄 2 份

龙蒿 5 株

帕尔马干酪 50 克

○ 将帕尔马干酪擦成碎末，将龙蒿洗净、切碎备用，然后按照包装上的说明将通心粉煮熟，在出锅前 2 分钟加入洗净的速冻豌豆。

○ 将通心粉沥干水分，并留下少许面汤，然后将通心粉倒入平底锅中加热。

○ 接着加入蛋黄、龙蒿碎和帕尔马干酪碎，一边搅拌，一边加入面汤，以使汤汁呈奶油状。最后加入胡椒粉即可。

意大利红酱面

 5 分钟

 25 分钟

4 人份

意大利面 375 克

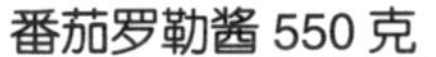

番茄罗勒酱 550 克

罗勒 1 把

橄榄油 4 汤匙

蔬菜汤 850 毫升

帕尔马干酪 1 块

- 将意大利面、番茄罗勒酱、2 汤匙橄榄油、蔬菜汤以及 2 棵洗净的罗勒放入小锅中加热。将帕尔马干酪擦成碎末备用。
- 待汤水煮沸后，定时搅拌，然后改用文火煨 15~20 分钟，并不断搅拌直至面食变软、酱汁变浓稠。
- 将意大利面盛入盘中，撒上剩余且洗净的罗勒叶以及帕尔马干酪碎末，食用前再淋上些橄榄油即可。

希腊意式米饭

 10 分钟

 10 分钟

 4 人份

意式大米 350 克

番茄 400 克

黑橄榄 85 克

香芹半把

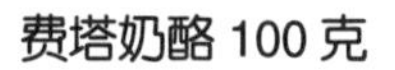

费塔奶酪 100 克

红葡萄酒醋 1 汤匙

- 将黑橄榄洗净、去核并切碎，将番茄洗净、切块，将费塔奶酪擦成碎末。
- 按照包装上的说明将洗净的意式大米煮熟，然后沥干水分并将其盛入 1 只沙拉碗中。
- 加入番茄块、黑橄榄碎、费塔奶酪碎末以及洗净并切碎的香芹。然后加入 3 汤匙橄榄油和红葡萄酒醋，搅拌均匀即可。

牛皮菜白豆意面

10 分钟

25 分钟

4 人份

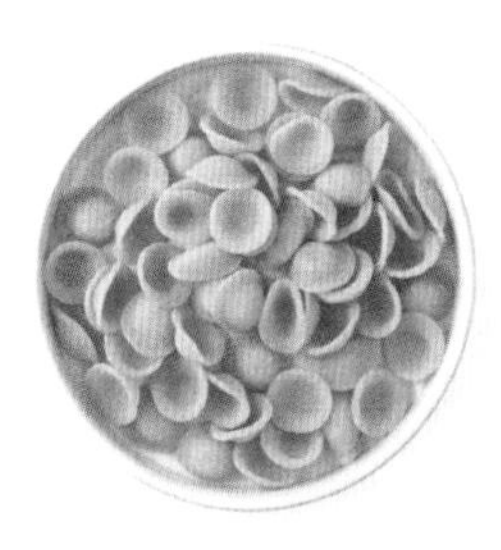

猫耳朵面 350 克

牛皮菜 1 把

大蒜 4 瓣

罐装白豆 400 克

蔬菜汤 1 升

帕尔马干酪 50 克

○ 将牛皮菜择好并洗净，然后将叶子切碎。接着将大蒜去皮、切碎，再将白豆洗净、沥干，将帕尔马干酪擦成碎末备用。

○ 在 1 口大锅中加热 2 汤匙橄榄油，然后将大蒜碎末煎黄。再加入蔬菜汤和猫耳朵面，待煮沸后，改用文火煨 10 分钟。

○ 接着加入牛皮菜直至菜被煮熟、猫耳朵面变软。最后加入白豆和帕尔马干酪碎以及胡椒粉即可。

西蓝花豆腐米粉

 10 分钟

 15 分钟

 4 人份

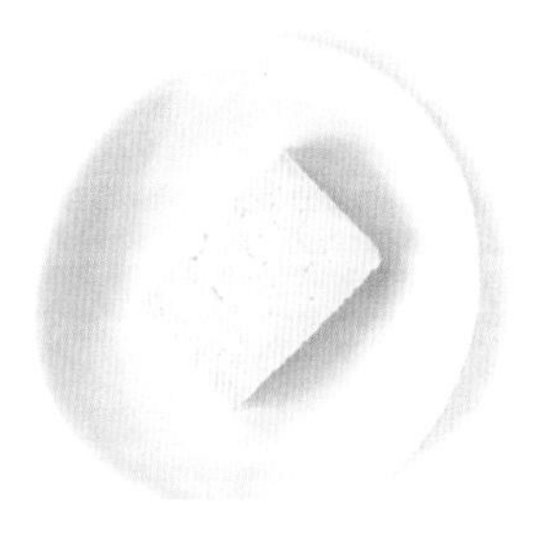

北豆腐 397 克

米粉 225 克

泰国花生酱 100 克

酱油 2 汤匙

西蓝花 300 克

鸡腿葱 2 棵

- 将北豆腐洗净、切块，将鸡腿葱洗净、切碎，然后按照包装上的说明将米粉煮熟，将其取出并沥干水分。将西蓝花择成小块并洗净备用。
- 在 1 口平底锅中加热 1 汤匙橄榄油，然后将北豆腐块煎至金黄，取出备用。
- 在 1 口平底锅中加热 1 汤匙橄榄油，翻炒西蓝花块，直至西蓝花块变软，再加入一点儿水。接着加入煎好的北豆腐块和米粉，再淋上泰国花生酱和酱油，撒上鸡腿葱碎即可食用。

意式蛋饼意面

5 分钟

25 分钟

4 人份

帕尔马干酪 50 克

鸡蛋 6 个

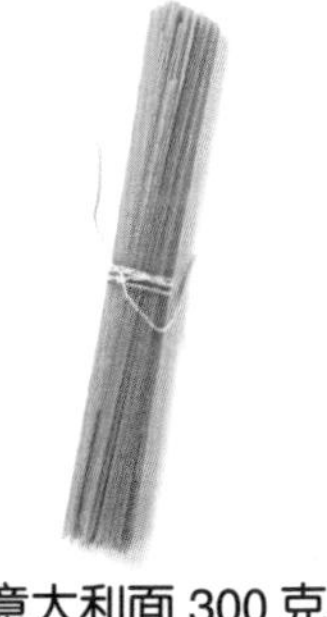
意大利面 300 克

橄榄油 3 汤匙

- 将意大利面煮熟，并将帕尔马干酪擦成碎末备用。将烤箱预热至 200℃。打好鸡蛋，加入调味料和少许帕尔马干酪碎末，之后再加入意大利面。
- 在 1 口大平底锅中加热橄榄油，将混合好的食材倒入锅中，加热 1 分钟。
- 然后撒上少许帕尔马干酪碎末，将食材放入烤箱中烤制 5 分钟，直至蛋饼变得酥脆。翻转一面并撒上剩余的帕尔马干酪碎末，再烤制 5 分钟即可。

柠檬意式米饭

10 分钟

35 分钟

4 人份

意大利圆米 325 克

蔬菜汤 1 升

鲜奶油 100 克

帕尔马干酪 25 克

红洋葱 1 头

柠檬 1 个

- 将蔬菜汤煮沸备用。将红洋葱洗净、切碎，将帕尔马干酪擦成碎末备用。然后将柠檬挤压出汁备用。
- 在 1 口大平底锅中加热 2 汤匙橄榄油，翻炒红洋葱碎 10 分钟，直至其变软。
- 加入洗净的意大利圆米，搅拌均匀，并加入 1 大汤勺的蔬菜汤，搅拌直至汤汁全部被米吸收。改用文火加热并重复搅拌，直至将意大利圆米煮熟（煮 20 分钟左右）。最后加入鲜奶油、帕尔马干酪碎末、柠檬汁以及调味料即可。

LE CREUSET

香蒜酱意式米饭

5 分钟

35 分钟

4 人份

意大利圆米 325 克

蔬菜汤 1 升

红洋葱 1 头

鲜奶油 55 克

干白 125 毫升

香蒜酱 4 汤匙

○ 将红洋葱洗净、切碎，将烤箱预热至 180℃。在平底锅中加热 3 汤匙橄榄油，并煸炒红洋葱碎 8~10 分钟。

○ 加入洗净的意大利圆米，搅拌均匀并倒入干白，煨至干白被意大利圆米全部吸收。

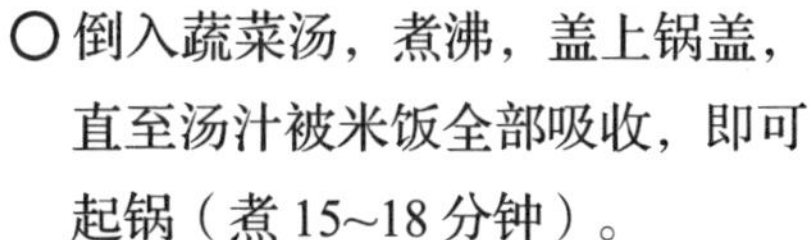
○ 倒入蔬菜汤，煮沸，盖上锅盖，直至汤汁被米饭全部吸收，即可起锅（煮 15~18 分钟）。

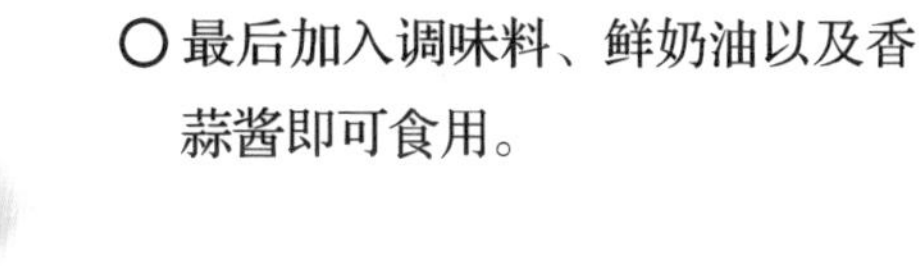
○ 最后加入调味料、鲜奶油以及香蒜酱即可食用。

煎蛋糙米饭

5 分钟

45 分钟

2 人份

长粒糙米 100 克

鸡腿葱 4 棵

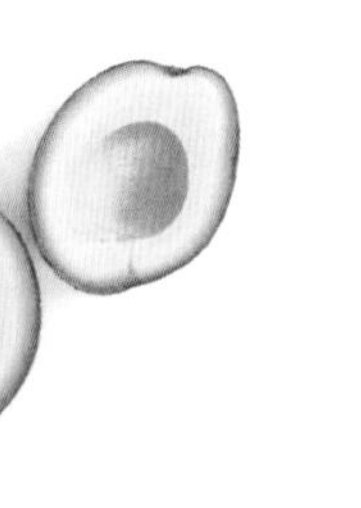

牛油果 1 个

香菜 1 把

鸡蛋 4 个

是拉差辣椒酱 2 茶匙

○ 将葱白洗净、切碎，将葱绿洗净、切丝，再将牛油果去皮、去核后切片，然后按照包装上的说明将洗净的长粒糙米煮熟。

○ 将糙米饭推到一边，加入 1 汤匙橄榄油和葱白碎并搅拌均匀，翻炒至食材呈金黄色。再将长粒糙米饭推到另一边。

○ 加入 2 汤匙橄榄油，煎好鸡蛋备用。然后加入调味料，并将烹制好的糙米饭盛到 2 只碗中，加上煎蛋、牛油果片、洗净的香菜、葱绿丝，以及是拉差辣椒酱即可。

芦笋奶酪蛋挞

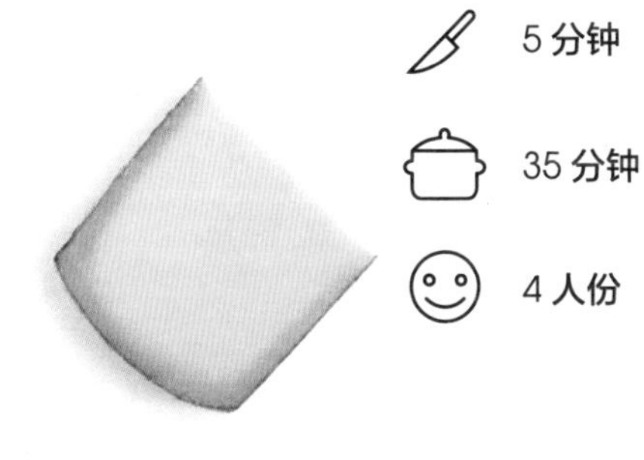

5 分钟

35 分钟

4 人份

冷冻酥皮 1 卷

格鲁耶尔奶酪 100 克

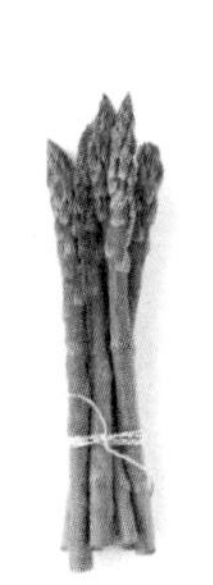

芦笋 425 克

橄榄油少许

- 去掉芦笋的根部，将其洗净并斜切成 5 厘米长的条状。将格鲁耶尔奶酪擦成碎末备用。
- 将烤箱预热至 200℃，在烤盘上垫上油纸，然后将冷冻酥皮平铺其上，留出 1 厘米宽的边缘（不要切下来），用叉子在酥皮上戳出小洞。
- 将酥皮烤制 15 分钟，使其呈金黄色，然后将格鲁耶尔奶酪碎末和芦笋条放在酥皮上，加入调味料并淋上少许橄榄油，再烤制 20 分钟即可。

奶酪馅饼

10 分钟

1 小时 15 分钟

4 人份

法式塔皮 1 卷

全脂牛奶 500 毫升

鸡蛋 6 个

香葱 1 把

格鲁耶尔奶酪 225 克

○ 将格鲁耶尔奶酪擦成碎末，将香葱洗净、切碎，然后将烤箱预热至 220℃，再将法式塔皮放入烤箱中烘烤。

○ 将鸡蛋打入全脂牛奶中搅拌均匀，并加入盐和胡椒粉，再将其倒在烤好的法式塔皮上。接着撒上格鲁耶尔奶酪碎末和香葱碎末。

○ 继续烤制 45 分钟，直至馅饼膨胀、变硬，且呈金黄色，即可取出。

番茄塔

5 分钟

1 小时 25 分钟烹饪，5 分钟静置

4 人份

冷冻酥皮 1 卷

千禧果 450 克

意大利香醋 2 汤匙

百里香几株

红洋葱 1 头

橄榄油 3 汤匙

○ 将红洋葱洗净、切片，将百里香洗净、切段，将烤箱预热至 200℃。取 1 个比冷冻酥皮小一点儿的烤盘，将红洋葱片放入其中，淋上 2 汤匙橄榄油，将其放入烤箱，用中火烤 45 分钟。烤好后取出，加入盐、胡椒粉和意大利香醋，再将半成品转移到 1 只碗中。

○ 在烤盘上倒入剩下的橄榄油，然后加入洗净的千禧果、百里香段，将其放入烤箱烘烤，待其表面出现褶皱时取出，将烤好的红洋葱片放在上边。

○ 将冷冻酥皮平铺在烤好的蔬菜上，注意边缘向内折，用叉子在酥皮上戳出小洞，再将其放入烤箱烤 30 分钟。烤好后取出，静置 5 分钟，然后取下模具即可。

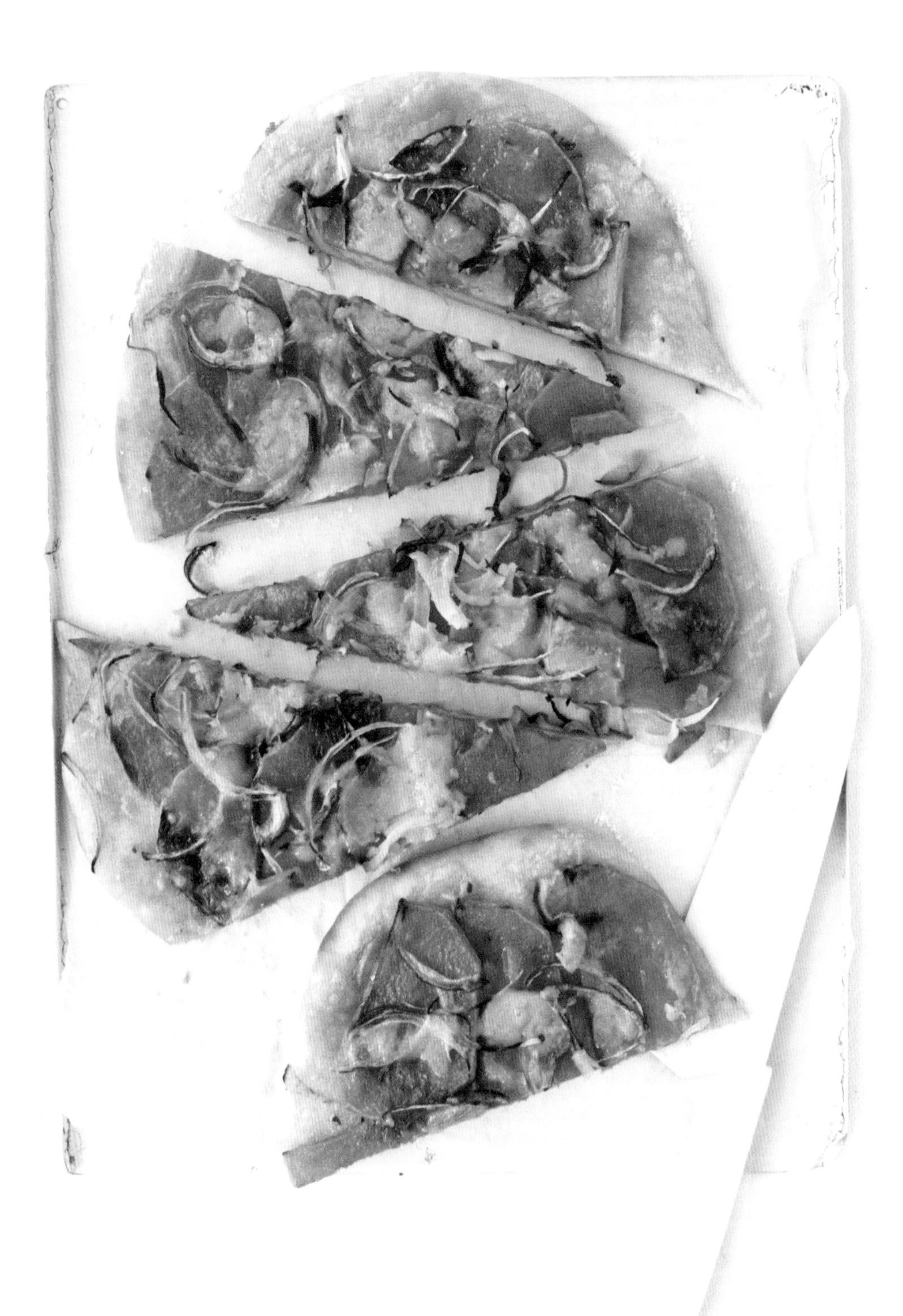

南瓜比萨

15 分钟

30 分钟

4 人份

灰胡桃南瓜 1 个

比萨饼皮 450 克

红洋葱半头

鼠尾草 5 株

切达奶酪 125 克

橄榄油 1 汤匙

- 将灰胡桃南瓜洗净、去皮并切成小块，再将切达奶酪擦成碎末，将红洋葱和鼠尾草洗净、切碎。
- 将烤箱预热至 200℃。在灰胡桃南瓜块上刷橄榄油，加入调味料，然后在滴油盘上平铺一层灰胡桃南瓜块，并盖上烹饪纸，将其放入烤箱烤 15 分钟。
- 在 1 个盘子上撒上薄薄的一层面粉，然后将比萨饼皮揉成椭圆形放入盘中，撒上一半的切达奶酪碎末和鼠尾草碎，放上烤好的灰胡桃南瓜块、红洋葱碎和剩下的切达奶酪碎末，再淋上少许橄榄油，将食材放入烤箱，用 240℃的温度将其烤制 12~15 分钟即可。

奶酪焗茄子

 10 分钟

 40 分钟

 4 人份

茄子 1 个

各色圣女果 300 克

意大利香醋 2 汤匙

罗勒叶几片

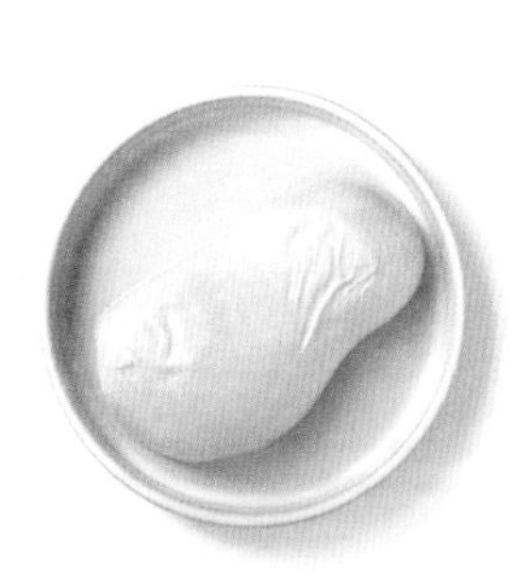

马苏里拉奶酪 200 克

橄榄油 75 毫升

- 将茄子洗净、去皮，然后切成 2 厘米见方的块状，再将圣女果洗净并对半切开，将罗勒叶洗净后撕成小片备用。
- 将烤箱预热至 200℃。在茄子块上刷上橄榄油，并将其放入平底锅中，盖上锅盖，煎 25 分钟。
- 待茄子块煎好后，放入意大利香醋、圣女果片和罗勒叶，加入盐和胡椒粉调味，再将食材放入烤箱中烤 10 分钟，直到茄子变软后取出。
- 将马苏里拉奶酪切成条状，放在半成品上，再烤 5 分钟即可。

菠菜千层蛋糕

20 分钟准备，8 小时静置

50 分钟

4 人份

速冻菠菜 283 克

面包 200 克

全脂牛奶 500 毫升

鸡蛋 6 个

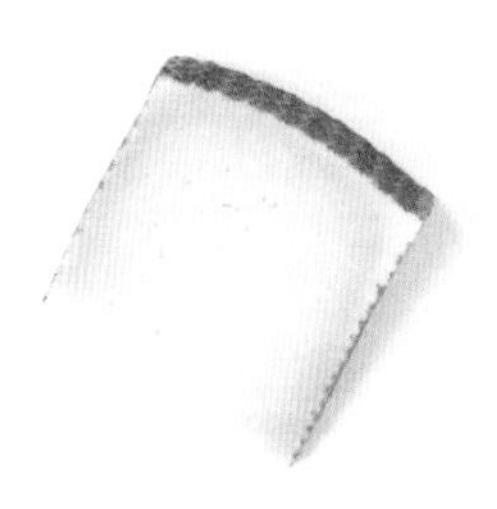
曼彻格奶酪 140 克

- 解冻菠菜，将其洗净后沥干水分并切碎。将面包切成 2 厘米见方的块状，将曼彻格奶酪擦成碎末。
- 在边长为 20 厘米的方形碗中，先放一层面包块，铺一层菠菜碎，再放一层曼彻格奶酪碎末，这样层层交替摆放，直到用光所有食材。
- 将全脂牛奶和鸡蛋液拌匀，加入盐和胡椒粉，再将混合好的食材倒在半成品上，封好保鲜膜，将其放入冰箱冷藏 8 个小时。
- 将烤箱预热至 180℃，放入冷藏好的食材，将其烤制 50 分钟，直到食材烤熟并呈金黄色后取出即可。

奶酪焗洋葱

 10 分钟

 1 小时 15 分钟

 4 人份

红洋葱 3 头

鲜奶油 100 克

百里香 5 株

橄榄油 2 汤匙

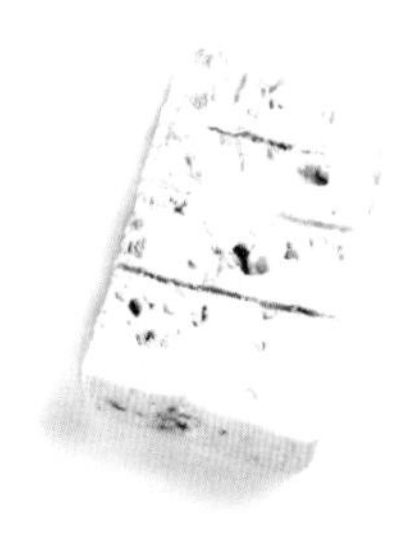

戈尔贡左拉干酪 75 克

○ 将红洋葱洗净后切成 6 块，再将戈尔贡左拉干酪擦成碎末备用。

○ 将烤箱预热至 180℃，然后将红洋葱块、橄榄油以及洗净并切碎的百里香混合在一起。将食材放入烤箱烤 1 个小时到 1 小时 10 分钟，直至红洋葱块变软，且呈浅黄色即可，烘烤中途需要翻面。

○ 加入鲜奶油和戈尔贡左拉干酪碎末。

○ 再次将烤箱预热，然后将半成品放入，再次烘烤，直至戈尔贡左拉干酪碎末起泡后取出即可。

普罗旺斯风焗烤

15 分钟

1 小时 10 分钟

2 人份

西葫芦 2 根

番茄 400 克

百里香 5 株

橄榄油 4 汤匙

新鲜的山羊奶酪 85 克

○ 将西葫芦洗净后斜切成 5 毫米厚的片，将番茄洗净并切成 1 厘米厚的片，再将新鲜的山羊奶酪擦成碎末备用。接着将百里香洗净并切碎。

○ 将烤箱预热至 190℃，并在烤盘中倒入少许橄榄油，放一层番茄片，铺一层西葫芦片，这样层层交替摆放，然后撒上百里香，再倒入少许橄榄油，加入调味料。在准备好的食材上盖上锡纸，将其放入烤箱烤制 30 分钟后取出。

○ 拿掉锡纸，然后在食材上撒上新鲜的山羊奶酪碎末，再将其放入烤箱烤制 30~40 分钟，直至新鲜的山羊奶酪碎末表面呈浅金色即可。

西葫芦焗饭

10 分钟准备，30 分钟静置

20 分钟

2 人份

西葫芦 1 根

番茄酱 280 克

帕尔马干酪 25 克

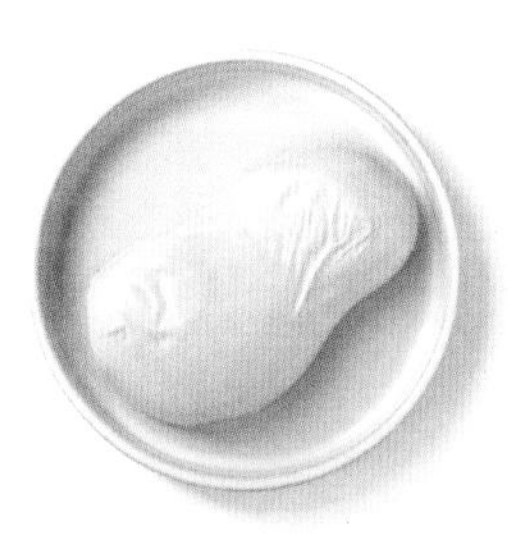

马苏里拉奶酪 55 克

意大利乳清干酪 450 克

罗勒 1 把

○ 将西葫芦洗净后切成12份细条，抹上盐，在过滤器中放置30分钟，用吸水纸吸干水分。然后将帕尔马干酪擦成碎末备用。

○ 将烤箱预热至 190℃，然后在意大利乳清干酪中加入盐和胡椒粉，再加入帕尔马干酪碎末和洗净的罗勒。

○ 将 50 克番茄酱倒入烤盘中，先放置 4 根西葫芦条，再抹上一半意大利乳清干酪和 85 克番茄酱。然后像这样层层交替摆放，直至番茄酱用完。最后撒上马苏里拉奶酪碎末并烘烤 20 分钟即可。

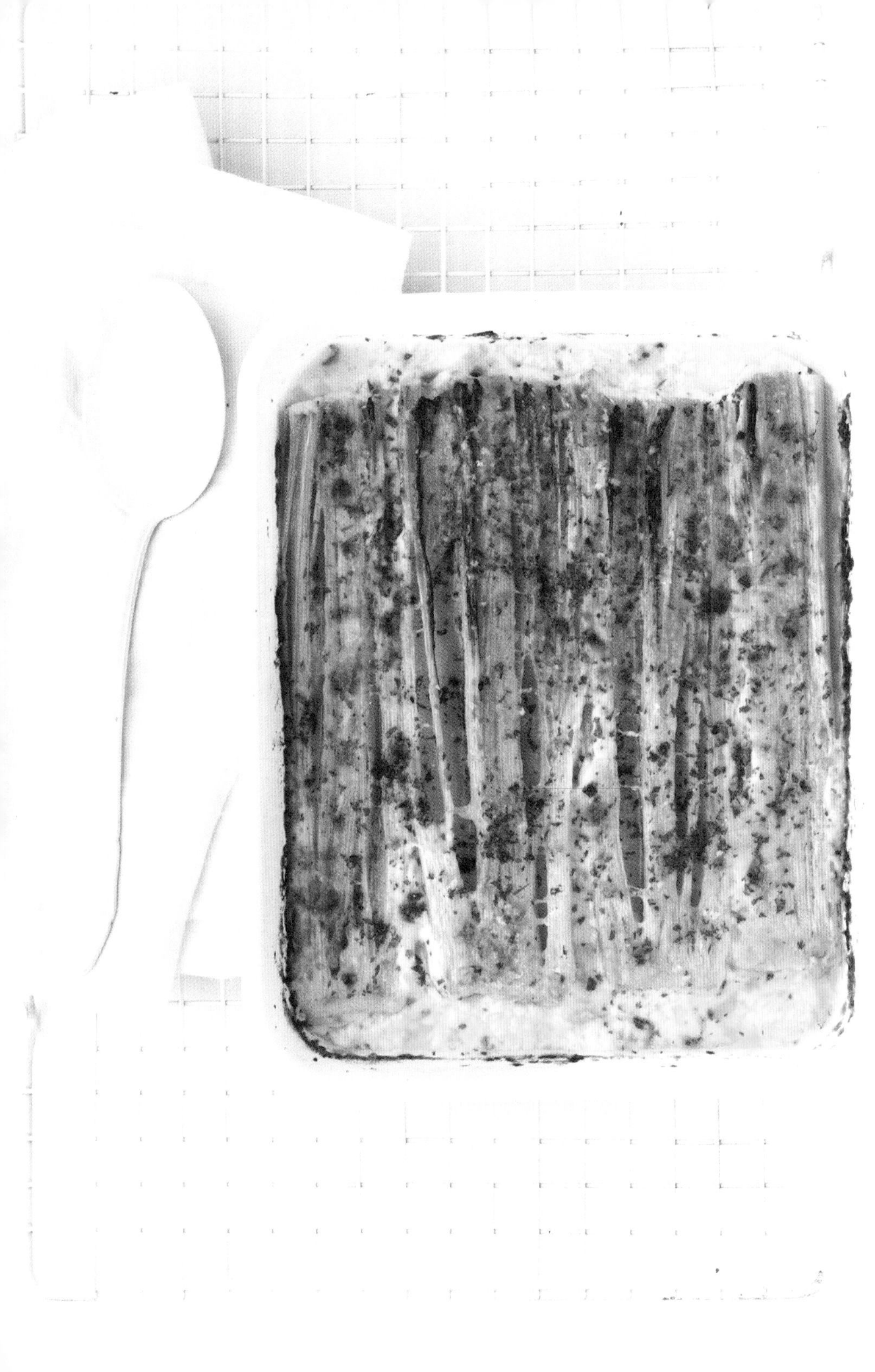

奶酪焗大葱

10 分钟

1 小时 5 分钟

4 人份

大葱 4 棵

鲜奶油 250 毫升

香芹 5 根

帕尔马干酪 25 克

○ 将帕尔马干酪擦成碎末，再将香芹洗净、切碎。然后将烤箱预热至 190℃，接着将大葱去掉葱绿并对半切开，再去掉根部并洗净。

○ 将葱段放入烤盘底部，加入调味料，然后铺上一层鲜奶油。用铝箔将食材覆盖住，烤制 50 分钟，烤制中途需要翻面。

○ 烤制完成后，揭开铝箔，撒上帕尔马干酪碎末和香芹碎，再烤 15 分钟，直至食材呈金黄色，取出即可。

烤蔬菜

烤红薯

10 分钟

45~60 分钟

4 人份

红薯 4 个

罐装黑豆 400 克

大蒜 2 瓣

橄榄油 2 汤匙

菠菜苗 100 克

酸奶油 4 汤匙

○ 将黑豆冲洗干净并沥干水分，将大蒜去皮、切碎，并将烤箱预热至 200℃。将红薯洗净，然后在红薯表面戳出小洞，在烤盘上铺上铝箔，放入红薯烤制 45~60 分钟，直至红薯变软即可取出。

○ 在烤制的同时，在平底锅中倒入橄榄油，用低温将油加热，并将大蒜碎煎成金黄色。倒入黑豆，然后倒入洗净的菠菜苗将其焗熟。

○ 将红薯纵向对半切开，在每半块红薯上放上调制好的黑豆和菠菜苗，再加上 1 汤匙的酸奶油即可。

烤蔬菜

奶酪辣椒船

10 分钟

1 小时

4 人份

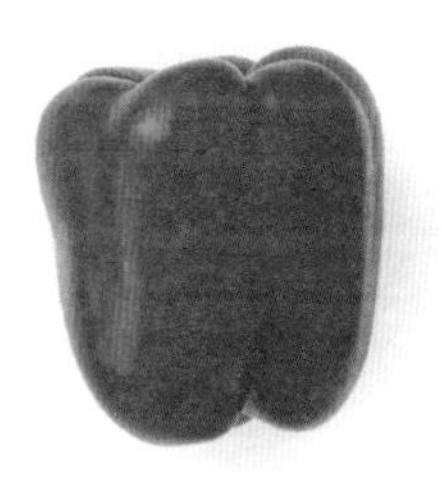
红椒 4 个

千禧果 400 克

黄椒 1 个

香蒜酱 2 汤匙

布拉塔奶酪 100 克

橄榄油 1 汤匙

○ 将烤箱预热至 220℃，将布拉塔奶酪切块。然后将红椒和黄椒洗净后纵向对半切开，去子，并将黄椒切碎备用。

○ 用洗净的千禧果和黄椒碎填满对半切开的红椒瓤，再加入少量的橄榄油、盐和胡椒粉。

○ 将调制好的食材盖上铝箔并放入烤箱烤制 30 分钟，之后去掉铝箔再烤制 30 分钟。取出后，在食材上放上布拉塔奶酪块和香蒜酱即可。

烤菜花

10 分钟

50 分钟

4 人份

菜花 1 棵

帕尔马干酪 30 克

橄榄油 2 汤匙

柠檬 1 个

第戎芥末酱 2 汤匙

○ 将烤箱预热至 200℃，然后将砂锅放入烤箱预热。择好菜花并洗净，接着在每块小菜花的根部用刀划十字。将帕尔马干酪擦成碎末，再将柠檬洗净后切成 4 份。

○ 将第戎芥末酱和橄榄油混合，然后将一半的酱料涂抹在菜花上，再将其放入砂锅中，加盖烤制 20 分钟，接着去盖继续烤制 30 分钟，直至菜花变软，取出即可。

○ 将剩下的酱料倒在烤好的菜花上，撒上帕尔马干酪碎末，食用时再佐以柠檬即可。

烤蘑菇

 15 分钟

 10~15 分钟

 4 人份

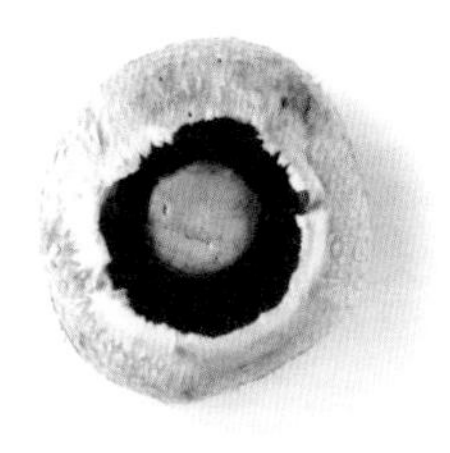

蘑菇 300 克

面包屑 50 克

鸡蛋 1 个

百里香 10 株

帕尔马干酪 35 克

橄榄油 2 汤匙

- 将蘑菇洗净、去根，并将帕尔马干酪擦成碎末。打好鸡蛋，再将烤箱预热至 220℃备用。
- 将洗净的百里香、面包屑、帕尔马干酪碎末，以及橄榄油放入深盘中，加入盐和胡椒粉。将蘑菇蘸上一层蛋液，再在调制好的面包屑混合物中滚一滚，使蘑菇均匀地蘸上调制好的混合物。
- 将蘑菇放入铺有油纸的烤盘中，放入烤箱烤制 10~15 分钟，待蘑菇变酥脆后即可取出。

奶酪土豆船

 5 分钟

 1 小时 10 分钟

 4 人份

土豆 4 个

鲜奶油 100 毫升

山羊奶酪 85 克

橄榄油少许

○ 将烤箱预热至 190℃，再将山羊奶酪去外皮备用。

○ 先将土豆洗净，然后将橄榄油淋在土豆上，用叉子戳出小洞，并加入调味料，将其放入烤箱烤制 45 分钟，直至土豆变软即可取出。

○ 将土豆顶部切掉 1 块，用勺子将内部掏空，然后将挖出来的土豆放入碗中并捣成土豆泥，再加入鲜奶油、山羊奶酪、盐和胡椒粉调味。

○ 接着将调制好的土豆泥填满土豆空心的部分，再放入烤箱烤 25 分钟即可。

烤茄子

5 分钟

50 分钟

4 人份

矮茄 4 个

柠檬 2 个

橄榄油 120 毫升

甘牛至 2 茶匙

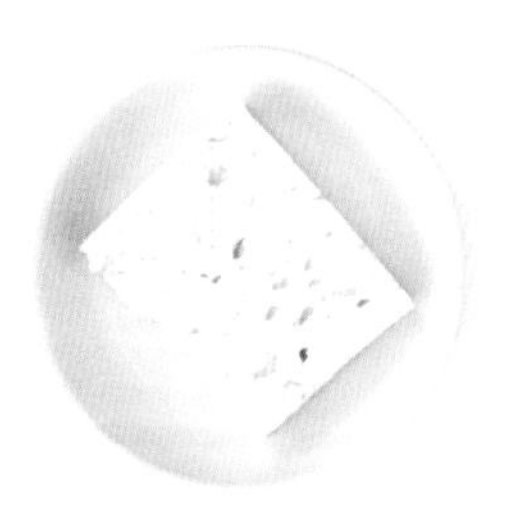
费塔奶酪 200 克

- 将矮茄洗净后纵向对半切开。将 1 个柠檬洗净后切成薄片，将另外 1 个柠檬挤压出汁备用。将烤箱预热至 230℃，然后将矮茄块放在烤盘中，在缝隙里插入柠檬片，并将柠檬汁均匀地倒在矮茄块上，撒上 1 茶匙甘牛至和盐。盖上铝箔，放入烤箱烤制 40 分钟。
- 将费塔奶酪放在铺有铝箔的烤盘上，淋上少许橄榄油，将铝箔纸包好，放入烤箱烤制 10 分钟。
- 最后将烤好的费塔奶酪浇在烤好的矮茄块上即可。

烤孜然胡萝卜

5 分钟

10~15 分钟

4 人份

细长的胡萝卜 400 克

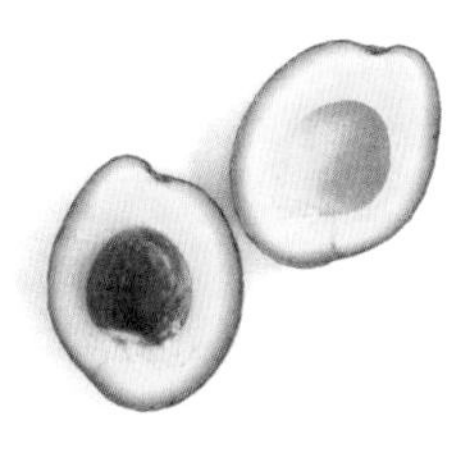
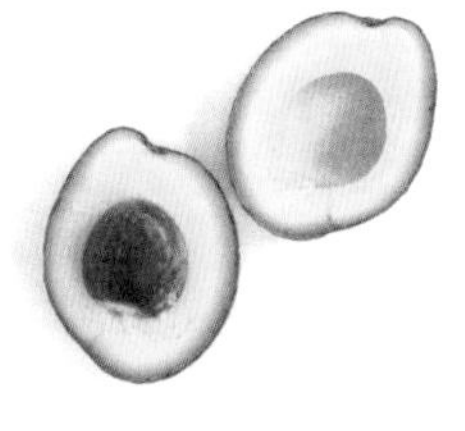
牛油果 1 个

香菜半把

孜然 1 茶匙

酸奶酪 200 克

橄榄油 2 汤匙

○ 将细长的胡萝卜洗净，将牛油果去皮、去核后切片，将烤箱预热至 220℃。然后将细长的胡萝卜、1 汤匙橄榄油、1 茶匙孜然放入烤盘中，烤制 10~15 分钟，直至细长的胡萝卜变软，取出即可。

○ 接着放入牛油果片，撒上洗净的香菜，淋上适量橄榄油，再搭配酸奶酪一起食用即可。

烤薯条

土豆 900 克

千禧果 200 克

10 分钟

40 分钟

4 人份

鸡蛋 4 个

橄榄油 2 汤匙

○ 洗净土豆，将其切成粗条。将烤箱预热至 200℃。接着将土豆条放入烤盘中，刷上一层橄榄油，加入调味料，入烤箱烤制 30 分钟，直至土豆变软，取出即可。

○ 加入洗净的千禧果，然后在食材上按出 4 个凹槽，在每个凹槽里打入 1 个鸡蛋，继续烘烤 10 分钟，直到蛋清烤熟为止。

烤蔬菜

烤意面南瓜

10 分钟

40 分钟

2 人份

意面南瓜 1 个

千禧果 400 克

帕尔马干酪 25 克

大蒜 6 瓣

罗勒 1 把

百里香 5 株

○ 将意面南瓜洗净后对半切开，去子。将千禧果洗净后对半切开。再将帕尔马干酪擦成碎末。然后在意面南瓜上刷上一层橄榄油，加入盐和胡椒粉。注意切口朝上，将其放入烤盘中。

○ 将去皮的大蒜、千禧果片、洗净并切碎的百里香及 1 汤匙橄榄油混合，然后加入盐和胡椒粉。再将混合好的食材放入烤箱，以 190℃的温度将食材烤制 40 分钟。

○ 用叉子分离出南瓜丝，拍碎大蒜，将其与千禧果片、洗净的罗勒和 2 汤匙橄榄油混合在一起，并加入调味料。最后将调制好的混合物倒在烤好的意面南瓜上，再撒上帕尔马干酪碎末即可。

山羊奶酪烤菜

 10分钟

 30分钟

 4人份

卷心菜1棵

苹果1个

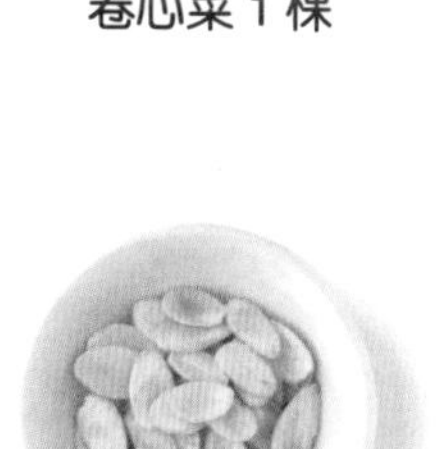

杏仁片30克

百里香5株

山羊奶酪300克

橄榄油3汤匙

○ 将卷心菜洗净后切成2厘米厚的片（4片），将苹果洗净、去核后切成薄片，再将山羊奶酪切成4条。将烤箱预热至200℃备用。

○ 将橄榄油涂在卷心菜片上，加入调味料，将其放入烤箱烤制20分钟，烤制中途需要翻面。

○ 在烤好的卷心菜片上放上几片苹果片、1根奶酪条，然后再放上几片苹果片，撒上杏仁片和洗净并切碎的百里香，将其再次放入烤箱中烤制10分钟，即可取出。

煮蔬菜

奶油菜花二重奏

10 分钟

10 分钟

4 人份

菜花 1 棵

西蓝花 1 棵

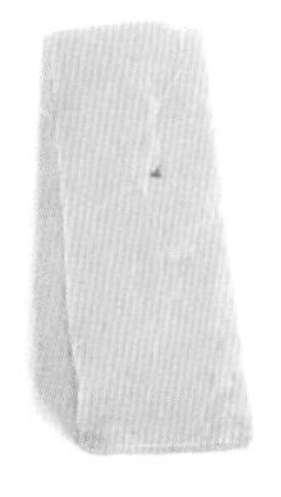
切达奶酪 150 克

鲜奶油 100 克

○ 将菜花和西蓝花择成小块并洗净，再将切达奶酪擦成碎末备用。

○ 用 1 口大锅将水煮沸，加入盐。然后将菜花块和西蓝花块焯软取出，大约煮 4 分钟即可。沥干菜花块和西蓝花块的水分，并将其放入沙拉碗中。

○ 开小火，在大锅中倒入鲜奶油和切达奶酪碎末，然后加入调味料，再倒入焯好的蔬菜拌匀即可。

奶油蘑菇

10 分钟

15 分钟

2 人份

各类蘑菇 300 克

白酒 125 毫升

香芹 5 根

大蒜 2 瓣

鲜奶油 50 毫升

橄榄油 2 汤匙

- 将蘑菇洗净、切碎，再将大蒜去皮、切碎，然后将香芹洗净、切段。
- 在不粘锅中倒入橄榄油，并开中火加热，然后将蘑菇碎末放入锅中，加入调味料，翻炒 4 分钟。接着加入大蒜碎，再翻炒 1 分钟。
- 倒入白酒，加热 4~5 分钟，收汁。再加入鲜奶油，煨几分钟，直至汤汁变浓稠，调成小火，撒上香芹段即可出锅。

青菜锅

10 分钟

8 分钟

2 人份

鸡腿葱 4 棵

姜 25 克

油菜 200 克

酱油 3 汤匙

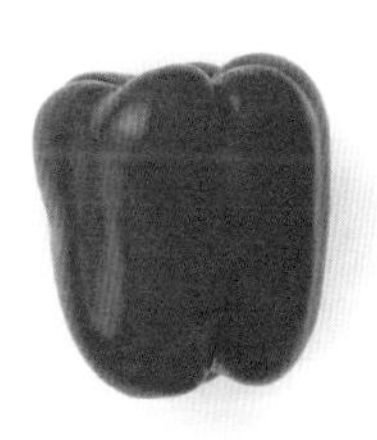

红椒、黄椒各 1 个

速冻毛豆 100 克

- 将葱白与葱绿分开，然后分别洗净并切碎，将姜洗净、去皮、切碎。将红椒、黄椒洗净、切条，将油菜洗净、切块，再将速冻毛豆解冻并洗净。

- 在锅中放入 2 汤匙橄榄油，将葱白碎、红椒条、黄椒条、姜末用中火翻炒 5 分钟，直到食材变软为止。然后加入油菜块，再翻炒 1 分钟。接着加入酱油、毛豆，再翻炒 2 分钟。最后撒上葱末即可。

咖喱印度奶酪

5 分钟

50 分钟

4 人份

印度奶酪 300 克

番茄泥 800 克

红洋葱 1 头

咖喱 1 汤匙

椰奶 150 毫升

香菜 1 把

○ 将印度奶酪切成 2 厘米见方的方块，再将红洋葱洗净、切碎。在不粘锅中放入 1 汤匙橄榄油，将印度奶酪块煎至呈金黄色。将印度奶酪块取出后，放入 1 只沙拉碗中，并加入沸水。

○ 擦净平底锅，在其中放入 1 汤匙橄榄油并加热，然后倒入红洋葱碎，煸炒 10 分钟。接着加入咖喱，继续翻炒 1 分钟。再倒入番茄泥，待开锅后再煨 20 分钟。

○ 最后加入沥干水分的印度奶酪块和椰奶，煨一段时间后关火，撒上洗净的香菜即可。

北非蛋

10 分钟

55 分钟

4 人份

罐装番茄 800 克

红洋葱 1 头

酸奶酪 100 克

鸡蛋 8 个

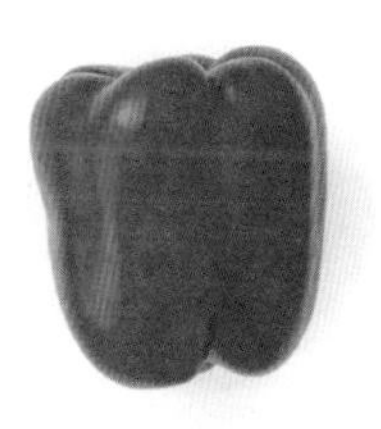
红椒 2 个

橄榄油 4 汤匙

- 将罐装番茄弄碎，然后将红洋葱洗净、切碎。将红椒洗净后去子并切成条状。在平底锅中加热橄榄油，然后倒入红洋葱碎和红椒条，再加入水、盐和胡椒粉，盖上锅盖，加热 10 分钟。
- 揭开锅盖，再煮 15 分钟。然后倒入番茄碎，待煮沸后再煨 20 分钟。
- 在食材中按压出 8 个凹槽，在每个凹槽中打入 1 个鸡蛋。煨 10 分钟后，再加入酸奶酪即可。

配料索引

图书在版编目（CIP）数据

蛋奶素食 / (法) 安娜·埃尔姆·巴克斯特著 ; (法) 艾丽莎·沃森摄影 ; 郑建欣译. — 北京 : 北京美术摄影出版社，2018.12
（超级简单）
书名原文：Super Facile Veggie
ISBN 978-7-5592-0187-4

Ⅰ. ①蛋… Ⅱ. ①安… ②艾… ③郑… Ⅲ. ①禽蛋—食谱②乳制品—食谱 Ⅳ. ①TS972.123

中国版本图书馆CIP数据核字(2018)第212573号

北京市版权局著作权合同登记号：01-2018-2832

责任编辑：董维东
助理编辑：刘　莎
责任印制：彭军芳

超级简单

蛋奶素食

DANNAI SUSHI

[法] 安娜·埃尔姆·巴克斯特　著
[法] 艾丽莎·沃森　摄影
郑建欣　译

出　版　北京出版集团公司
　　　　北京美术摄影出版社
地　址　北京北三环中路6号
邮　编　100120
网　址　www.bph.com.cn
总发行　北京出版集团公司
发　行　京版北美（北京）文化艺术传媒有限公司
经　销　新华书店
印　刷　鸿博昊天科技有限公司
版印次　2018年12月第1版第1次印刷
开　本　635毫米 × 965毫米　1/32
印　张　4.5
字　数　50千字
书　号　ISBN 978-7-5592-0187-4
定　价　59.00元
如有印装质量问题，由本社负责调换
质量监督电话　010-58572393